猛犸象梅西的回忆录

冰河时代名人指南

大家好，我是梅西！

这是我的回忆录！你想不想认识一些冰河时代的巨星？如果想，那就跟我一起去看看吧！我那时候可是大名鼎鼎的人物，我知道那个时代最有趣的秘密，出席过明星云集的活动，还曾经目睹了最恶劣的行径。相信我，你一定不想错过这些。

猛犸象梅西
的回忆录

冰河时代名人指南

[英]迈克·本顿　著

[英]罗伯·哈吉森　绘

马楠　译

海峡出版发行集团 | 海峡书局
THE STRAITS PUBLISHING & DISTRIBUTING GROUP

目录

猛犸象
猛犸象梅西
第8页

恐狼
混混帮
第28页

育空马
贝蒂
第29页

剑齿虎
明星斯特拉
第10页

爱尔兰大鹿
康纳
第38页

巨河狸
比尔和本
第40页

巨针鼹
玛蒂尔达
第34页

剑齿鲑
杰克逊
第20页

星尾兽
刺多多先生
第18页

阿根廷巨鹰
宝拉
第32页

披毛犀
赫克托
第36页

大地懒
无忧无虑的路易斯
第24页

巨猿
加文
第12页

西伯利亚野牛
莎蒂
第22页

巨型北极熊
厄休拉
第14页

北极地松鼠
毛茸茸的粉丝团
第26页

巨型短面熊
玛利亚
第30页

泰坦巨蟒
恶徒维克多
第16页

冰河时代为什么如此寒冷

　　我们生活的冰河时代大约开始于260万年前，科学家把那段时期称为"更新世"。那时候，我们这颗星球的温度开始下降，那场降温持续了很长一段时间。渐渐地，整个北半球形成了巨大的冰原，陆地终年被积雪覆盖（对于我们这些猛犸象而言，这无疑是刺骨的严寒）。呵！

外太空

　　地球绕太阳公转的运动轨道发生了变化，这或许可以解释天气为什么会变得这么寒冷。

缓慢效应

　　漂移到北极的陆地，四周开始结冰，形成了大片冰原。冰原表面会反射太阳光，把吸收的太阳热量送回太空，这就导致地表温度变得更低，从而形成了更多的冰。

大气中的变化

　　可怕的火山活动在地球上频繁发生，导致大气中的温室气体水平发生变化，来自太阳的能量也起了变化。

啪！

　　我们神话般的冰河时代从未结束，只不过是进入了一个更温暖的阶段，科学家把这个阶段称为"全新世"。这么说来，你也是冰河时代的明星，就像我一样！

如何解冻一头猛犸象

4万年前，我那位不幸的私人助理毛毛被自己的脚绊倒，不小心跌进了泥沼。由于它的尸体长期处于冰冻的极低温中，所以它的身体组织完好地保存了下来。毛毛以前总是想变得和我一样有名，现在它出名了，全世界的科学家都为了能见它一面而激动不已！让我们看看他们是如何会面的。

1. 挖掘一头冰封的猛犸象

可怜的老毛毛已经在地下待了太长的时间了，所以挖掘这一步必须格外小心。它可是有史以来最大号的冰块！

2. 保持低温

为了确保不破坏毛毛的身体组织，解冻工作一定要缓慢而轻柔地进行。在你为解冻做好准备之前，请把你的超大号冰块好好地存放在一个温度适宜的冰窖里。

3. 温和加热

一些科学家使用吹风机，缓慢地对毛毛的遗骸进行加热。

4. 瞪大你的双眼

仔细留意那些可能和毛毛的身体冻在一起的植物碎片。它们可能会为你提供一些新的线索，帮你复原毛毛忙碌的生活轨迹。

7

猛犸象

猛犸象梅西

北半球

虽然我们已经互相认识了，但我还是再做个自我介绍吧，我是梅西，接下来将成为你这趟冰河时代之旅的导游。我已经周游了整个北半球，所以完全可以胜任这份工作。当然，我在旅途中也曾经陷入困境（我曾目睹尼安德特人＊吃了太多的猛犸象的肉！），幸运的是我活了下来，我随时准备着开始一场冒险。

我的皮肤上有一层细毛，可以吸收温暖的空气，细毛上面披着一件金色与红褐色混合的"毛外套"，能让我时刻保持干爽，我已经全副武装好了。不过，如果你看到我的族人和我长得不一样，那么你也不要感到困惑——因为我们的肤色生来都是不同的！我的表妹艾米丽以它富有光泽的栗色头发而出名，姨妈布那一身深色的皮毛，让它便于融入阴影。

陷入泥潭

你之所以对我的长相了如指掌，是因为人类近期发掘出了我的一些幸运的亲戚，它们的尸体被完好地封存在冰层中，有些贪吃的家伙的肚子里还有食物呢。2012 年，有个男孩在遛狗时发现了一具猛犸象的尸体。下一个发现我们的会是谁？（谁知道呢，没准就是你。）

鲜花盛宴

像我这样的猛犸象，通常会用我们长而弯曲的牙齿，刨开地面上的雪来找食物吃，我的牙有 4 米长呢！我们家族对野花情有独钟（这些植物含有丰富的蛋白质）。我最喜欢吃毛茛，我用长鼻子可以灵活地把它摘下来送到嘴边。

为什么说猛犸象和树木很像？

哦，这可不是个玩笑。你看，我的象牙和树干一样粗，你可以通过计算里面一层层的生长线，推算出我的年龄，就像数树上的年轮一样。

死而复生

你想让一头猛犸象复活吗？有一些聪明的科学家提取了我和我的近亲亚洲象的 DNA（脱氧核糖核酸），想通过克隆技术复活我们，据我所知，这可能是个棘手的难题！

* 想了解尼安德特人，请翻到第 42 页。

9

剑齿虎

明星斯特拉

美国

　　一眼万年，永生难忘！斯特拉的特别之处就在于它那电力十足的微笑和长达28厘米（这几乎是你此刻正在读的这本书的长度）的牙齿，因此人们很难对它视而不见。不过，如果你以为它的长牙齿可以轻松地对付猎物，那么你就大错特错了，还不如它大声吼叫有用呢！

吃得尽兴

　　斯特拉最爱讲的笑话是，它喜欢猎捕披毛犀，可是吃不下一整头。斯特拉主要以鹿、野牛和骆驼为食。

有传言说，斯特拉一直想找个好牙医。
因为它有个尴尬的弱点——它那如珍珠一般
洁白的牙齿太脆了，还容易折断！不过说来
也怪，我们在它身边似乎从来没见过有牙医
出没……

大口锁喉

像蛇一样，斯特拉也可以把
嘴张得极大，以便用它的牙齿快
速有力地刺穿猎物的喉咙。

致命的猫科动物

斯特拉的粗脖子和小短腿，让它注
定没有办法成为最优雅的猫科动物了。
不过，它短粗的体形很适合跟踪猎物，
因为方便隐藏，很难被对方发现。

11

巨猿

加文

中国

加文从来不追求名利，却意外地出名了。加文和它那爱好和平的族群，只想在喜马拉雅山上过平静的生活，回归大自然。但是谁也没想到，有关喜马拉雅雪人的传说忽然流传起来，大家竟然都认为可怜的老加文就是雪人，都想找到它，一睹其真容。加文对这种朝圣行为并不在意，不过别找它要签名了！

深山隐士

加文享受简单的生活，最爱美食。和我一样，它吃得很多！它一整天除了吃种子、水果和竹子之外，大部分时间都在坐着冥想，或者四肢着地地到处闲逛。

远大梦想

当加文直立起来的时候，它的身高超过 3 米，体重超过 500 千克。它总是想学那些体形较小的亲戚爬树，但是它的身躯太庞大了，根本做不到。不过，它仍然坚持不懈地尝试，只要沿着它折断的树留下的痕迹，你就能发现它的行踪。

身份误认

加文除了被误认成雪人之外，还有一则趣闻：人们在中国首次发现巨猿的牙齿化石的时候，还以为牙齿的主人是一条龙呢！我很庆幸加文没有亲耳听说这件事。

巨型北极熊

厄休拉

北极

　　厄休拉非常热爱唱歌。好吧，我承认，在我们其他人听来，它的歌声更像是吼叫或咆哮。不过，你敢去招惹它吗？它四足着地的时候，身高1.8米，身长3.6米，体重超过1.1吨，还保持着有史以来最大的陆生食肉哺乳动物的纪录。我们可不想惹怒这个庞然大物，所以，如果厄休拉声称它是在唱歌，那么我们绝无异议！

　　和所有的大歌星一样，厄休拉也要维护自己的公众形象。它总是穿着一身厚实的"白色外套"，上面的油脂有防水功能，以便它经过伪装，可以完美地融入雪地环境，直到它准备好一个"惊喜"亮相，送给它的粉丝，或者它的猎物。

迁移之路

　　说出来你可能不信，巨型北极熊实际上并不是来自北极。它们从英格兰出发，慢慢地向北移动，一点点适应着恶劣的自然环境。

游泳姿势

　　作为一名热情四射的表演者，厄休拉要保持健美身材。每天早上，它都坚持在冰冷的海水里游泳。不过别担心，它身上那厚实的脂肪层可以保暖，而且它那大大的、有蹼的爪子在水里可以像船桨一样划动，帮助它在水中快速前行。

饱 餐 一 顿

　　像厄休拉这样的巨型北极熊，每天要吃很多肉。随着时间的推移，巨型北极熊长得越来越大，它们的猎物也越来越大！有时候，厄休拉会赶走其他捕食者，抢夺它们的食物，但并不是每次都这样。和我们所有人一样，它填饱肚子之后状态最佳！

泰坦巨蟒

恶徒维克多

哥伦比亚

　　我从来没有见过维克多，但是关于它的那些恶劣行径的传闻，已经从它的家乡——哥伦比亚北部盆地深处的煤矿，一路传到了我们这里。维克多是冰河时代的不良少年，人人喊打的恶徒之一。

　　这些传闻的起因是，维克多在派对上，用一口吞下一条鳄鱼的把戏来博眼球。从那以后，它尝到了甜头，早中晚三餐都要吃鳄鱼肉，每餐还要配一些鱼类零食。

狡猾的进击

　　维克多能与周围的环境完美地融为一体，所以它最大的爱好之一，就是测验自己在不被察觉的情况下，能潜行到离猎物多近的地方。它最喜欢做的事儿，莫过于半潜入亚马孙盆地的浅水区，一边消磨时光，一边策划下一步的行动。

爬行党的血泪史

没有人指责维克多是冷血杀手，因为它生来如此。然而，它的成名只是昙花一现……对于维克多这样的爬行动物来说，冰河时代急速下降的气温绝对是一场灾难！

超大号

像维克多这样的泰坦巨蟒，是有史以来世界上最大的蛇。它们可以长到13米长（比一辆公交车的长度还要长），体重可以达到1.3吨。

星尾兽

刺多多先生

玻利维亚

作为终身食草动物，脾气暴躁的刺多多先生挑起过无数场战斗。它是南美洲脾气最坏的食草动物，身后那条坚硬、巨大的尾巴就是它的头号武器。

和所有优秀的骑士一样，刺多多先生的外形长得又高又壮（不然它没有办法和巨型短面熊共存那么久）。星尾兽看上去很吓人——它连一颗门牙都没有，笑起来十分凶恶！

完美护甲

任何人造盾牌都不如星尾兽的外壳坚硬。星尾兽的外壳由多个小块骨头甲片拼接而成，灵活性极强。直到200多万年后，人们挖出星尾兽的化石，发现它的外壳仍然保存得几乎完好无损。

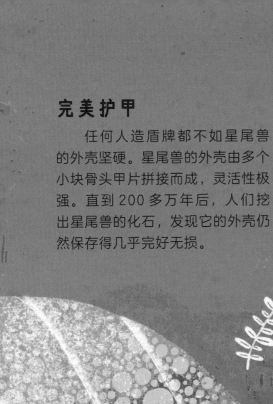

做好一切准备

和骆驼一样，星尾兽背部的外壳下有个储存脂肪的组织，使它在寒冷的环境中拥有了一个额外的保温层。

骑士的尾巴

身长4米、重达2吨的刺多多先生，打赢了所有的战斗。每当进入战斗状态，它就会来回摇摆那条带尖刺的、狼牙棒一样的尾巴，向它的对手发起猛击。

剑齿鲑

杰克逊

美国

"少年飞鱼"杰克逊成了学校里的英雄，因为它学会了逆流而上，顺利地找到了适合鱼类产卵的砾石河床。以往，鱼群每游到一处瀑布前，就以为到了死胡同——直到杰克逊尝试跳跃！其他同伴看到杰克逊跃过了瀑布的顶端，被它的勇敢行为所鼓舞，纷纷跟着它跳了过去。直到今天，鲑鱼仍然以飞跃瀑布的方式向杰克逊致敬。

奶爸别动队

和现代鲑鱼一样，雄性剑齿鲑也会守护自己的卵。如果其他雄性离它的卵太近，那么杰克逊尖利的牙齿就要派上用场了。

尖牙多多

以前我一想到杰克逊，就会不寒而栗。它那吓人的尖牙和体格让它声名狼藉，从外形上看，它有2米长，重177千克。直到我见到了它，才发现它并没有那么可怕。实际上，它不过是个悠闲自得的冲浪高手，每天只想着乘风破浪，并不想称霸海洋。

放松小憩

杰克逊不逆流游动的时候，喜欢和几个朋友一起，在太平洋上放松和休息，吃着它最喜欢的食物——浮游生物。

西伯利亚野牛

莎蒂

阿拉斯加

莎蒂经营着冰河时代最艰苦的训练营，它在横跨欧洲、中亚、白令陆桥（连接现今美国阿拉斯加西岸和俄罗斯西伯利亚东岸的陆地）和北美洲的猛犸草原上教授它的健身方法。

虽然莎蒂看上去和你今天看到的北美野牛十分相似，但是，高达4.5米的它实际上比北美野牛大得多。它有长长的后腿和巨大的弯角，背上还有一个大大的驼峰。

狮子的传说

　　莎蒂的名字之所以家喻户晓，是因为它向一头饥饿的白令狮发起了挑战，并且获胜了。它的表妹贝比就没有那么幸运了。1979年，也就是贝比死后3.6万年，人们在阿拉斯加的一个金矿里发现了它的尸体。矿井里的矿物质把它的皮肤染成了蓝色，所以发现者给它命名为"蓝宝贝"。

艺术灵感

　　你知道吗，人类艺术作品最早的一些范例，灵感就来源于西伯利亚野牛。因为人们曾经在西班牙的阿尔塔米拉洞穴和法国的拉斯科洞穴中，发现了一些与西伯利亚野牛有关的壁画，所以有此推断。

濒临灭绝

　　莎蒂活到了很大的年纪，但是其他的西伯利亚野牛并没有那么走运，它们成了许多捕食者（包括尼安德特人）的盘中餐。过度捕猎可能是导致西伯利亚野牛走向灭绝的原因之一。

大地懒

无忧无虑的路易斯

南美洲

你能卷舌头吗？大约在190万年前，路易斯是丛林中的焦点人物，因为它能用长长的、灵活的舌头做出各种形状。路易斯的舌头不但能载入吉尼斯世界纪录，而且非常适合摘浆果和树叶。

路易斯的梦想可不是在地面上慢吞吞地行走，而是有一天能上树，躺在树枝、树叶和浆果间悠闲度日。如今，路易斯的现代亲戚，长着苔藓的树懒，已经在树上慵懒地过日子了，如果路易斯知道这个好消息，那么想必它一定会非常高兴。

饥饿的人类

路易斯不喜欢打斗，但是饥饿的尼安德特人喜欢向它发起进攻，投掷长矛。像路易斯这样的大地懒，只想过平静的生活，可是很不幸，它们极易被尼安德特人当成猎物追踪和捕杀，最终变成他们的食物。

24

超级吃货

路易斯总是饿，经常要找食物吃，久而久之，它因为擅长获取食物而出名。路易斯可以只靠后腿站立，然后用长长的爪子抓住高处的树枝，拉到嘴边饱餐一顿。

放低姿态

路易斯的体形和大象一样大，显然没有办法在树上生活。在它年轻的时候，它曾经为了实现在树顶生活的梦想，奋力爬上低矮的树枝，不过那真是一场特大灾难……幸运的是，路易斯那厚实又蓬松的皮毛保护了它，让它免于摔伤。

25

北极地松鼠

毛茸茸的粉丝团

俄罗斯

寒冷的冬季

在冬眠期间，北极地松鼠的体温会降至零下 2.9 摄氏度。到了春天，它们从洞穴中钻出来之后，就开始吃去年秋天贮藏的种子和草，还有新鲜的蘑菇和昆虫。

松鼠穿搭风

这些超级粉丝总有办法引人注目。它们在夏天身披闪亮的红色或黄色皮毛，到了秋天则换上一身崭新的银装。

这个毛茸茸的粉丝团，是在1000万年前它们想找巨猿加文要签名的时候成立的，从那以后，它们一直在追星。这些松鼠用行动证明了，你不需要有多高大，也能取得成功。你看这些松鼠，虽然只有39厘米高，但是，在我的家族灭绝了几个世纪之后，它们仍然活跃在北极圈和北半球的名人秀上。这是一场多么漫长的追星之旅啊！

隧道挖掘工

这些松鼠喜欢群居，每个群组可容纳多达50名成员。为了熬过漫长的寒冬，它们要在地下隧道洞穴中冬眠7到8个月。如果有专门为睡眠设立的颁奖典礼，那么它们一定能包揽全部奖项。

恐狼

混混帮

加拿大

从现代的加拿大阿尔伯塔到玻利维亚，可怕的混混帮一直在制造麻烦。这个帮派的成员是一群背包猎手，它们没有自己的领地，无论是在草地、森林还是在稀树草原都没有。事实证明，这太有挑战性了！不过，它们群体捕猎的技术非常成功，以至于延用至今，现代的北美灰狼仍然以团体作战的方式捕杀大型猎物。

完美捕食者

恐狼长着又短又宽的脑袋和有力的下颚，让人不寒而栗。它们是有史以来人们发现的体形最大的狼种，一看到它们露出能轻易咬碎猎物的大牙，我就大叫着向反方向逃跑。虽然我知道它们主要捕食马和野牛，但是我有一种不祥的预感——我的名字可能也在它们的菜单上。

育空马

贝蒂

加拿大

贝蒂是育空地区的美女，它有一身飘逸的金色鬃毛和一件白色冬衣。它每天都和自己的族群以及朋友们在苔原上玩耍。现代的野马和驯化马都是它们的后代。

家庭分工

和现代的野马一样，育空马也生活在一个大家庭里。贝蒂的族群由一匹成年公马担任一家之主，家庭成员还有许多母马和小马驹。

世界纪录

你知道吗，迄今为止世界上最古老的DNA，来自一匹生活于70万年前的育空马的化石。

巨型短面熊

玛利亚

墨西哥

我不得不说，玛利亚有点儿强凌弱。虽然它从来没有骚扰过我，但是，和所有欺软怕硬的人一样，它爱欺负小型动物。尽管玛利亚能够独立捕食，可是它非要等其他动物捕到猎物后，从它们那里偷取食物。当它用长长的、肌肉强健的后腿直立起来，同时举起双臂的时候，足足有4.3米高，看上去十分凶猛，吓得几乎所有的动物都不得不拱手让出自己的午餐。

大胃王

我并不想为玛利亚的所作所为找借口，不过觅食对它来说确实是个大工程。你想想看，它的体重有900千克，所以每天至少要吃16千克的肉才能生存。幸运的是，它的长鼻子能嗅到数公里之外的动物尸体的味道，这可以让它更快地找到食物。

自在游荡

玛利亚在北美西部的高地草原上偷取食物，从墨西哥到阿拉斯加和育空地区，都能发现它的踪迹，它可以不眠不休地步行数日。

好的方面

我们最后原谅了玛利亚的欺凌行径，因为它帮我们吓跑了一群好奇的尼安德特人。当时玛利亚在白令海峡（北美洲唯一的入口）巡逻，那些早期的探险者一看到它的身影，就吓得仓皇逃命了。

阿根廷巨鹰

宝拉

阿根廷

宝拉是中新世晚期的特技巨星。它是阿根廷巨鹰，世界上已知最大的飞鸟之一，它的翼展可达7米，是信天翁翼展的2倍长，相当于一架小型飞机的长度。

怪兽鸟

阿根廷巨鹰又被称为"怪兽鸟"，宝拉就是个名副其实的"怪兽"。在捕捉老鼠和蜥蜴这样的小动物的时候，它会俯冲而下，然后把猎物整个儿吞进肚子里。

破纪录者

像宝拉这么庞大的身体，想要腾空而起可不容易。起飞前，它先沿着一个斜坡往下跑，然后借助风力飞到空中，就像现代的悬挂式滑翔机一样。成功起飞后，它可以从安第斯山脉一路滑翔到阿根廷的潘帕斯草原。

优雅的滑翔师

阿根廷巨鹰可以翱翔很远的距离。在飞行途中，它们扇动着翅膀，利用 150 厘米长的飞羽来控制滑翔，同时寻找它们的猎物。

巨针鼹

玛蒂尔达

西澳大利亚州

　　玛蒂尔达是一位防身术大师，很多动物从世界各地赶往它位于澳大利亚内陆的家中拜访，都是为了向它学习神奇的防身术。

　　玛蒂尔达背上那些可怕的刺，是它最爱的护身符之一。面对捕食者，它就把强壮的四肢埋入地下，把身体蜷缩成一个球，只露出多刺的后背。当玛蒂尔达变身成一个球之后，就会保持一动不动的姿势，捕食者过不了多久就失去耐心，放弃捕食了。

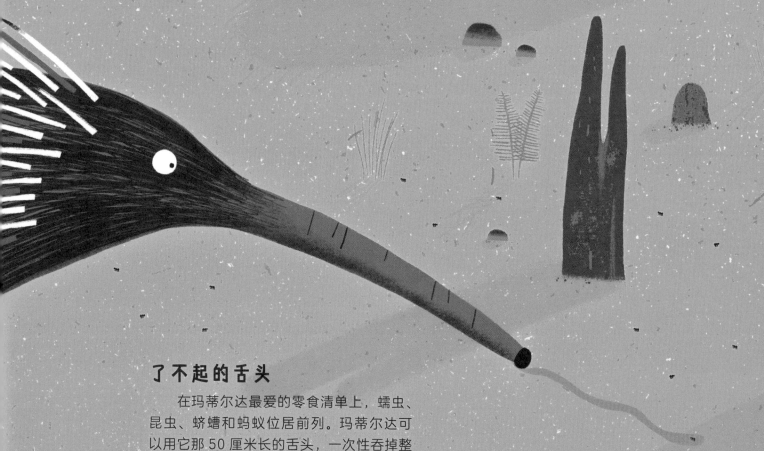

了不起的舌头

　　在玛蒂尔达最爱的零食清单上，蠕虫、昆虫、蛴螬和蚂蚁位居前列。玛蒂尔达可以用它那50厘米长的舌头，一次性吞掉整个蚁群，多棒的舌头啊！

行动笨拙

玛蒂尔达体重约 30 千克，体形与现代的绵羊一样大。它通常用长长的后腿站立，这样就可以腾出大大的爪子去挖白蚁的巢穴了。

婴儿的"武器"

在玛蒂尔达还是一只小哈巴（对婴儿针鼹的称呼）的时候，它就长出了保护自己的"武器"。它和它的兄弟姐妹一出生就住在妈妈的育儿袋里，直到它们背上长出硬刺才能离开。

披毛犀

赫克托

欧洲

每个人都认识赫克托，而且我们都很崇拜它。它对大自然的热爱，激励了一代又一代的长毛犀牛宝宝追随它的脚步，去教其他动物了解身边的野生动植物。

和我一样，赫克托这样庞大的食草动物总是在寒冷的气温下盛装打扮。它的腿短短的，耳朵小小的，暴露在冷空气中的身体部位比较少，所以它不容易受凉。它那件毛茸茸的"皮大衣"也十分厚实，上面还有防水的蜡和油脂层。

温馨家园

赫克托的大本营是位于北欧和西伯利亚北极圈边缘的冻原。它每天都在四处寻找新品种的地衣和苔藓，每次它都要亲口品尝！

感官灵敏

披毛犀的视力很差，嗅觉却格外灵敏。它们的鼻端有两只由大量角蛋白形成的角，它们通常用大鼻角扒开冰雪寻找食物，就像我用我的长牙挖草吃一样！

中央供暖

赫克托的胃里有一些助消化的细菌，可以帮助它消化草和树叶。随着食物被分解和吸收，它的胃里会产生很多热量，从里面给它保暖。

当心点！

现在已经很难找到披毛犀的遗骸了，但是人们幸运地在喜马拉雅山脚下发现了一些保存完好的披毛犀的头骨。这些披毛犀可能在死后不久就被冰封了，所以它们的头骨才没有被食腐动物吃掉。

爱尔兰大鹿

康纳

爱尔兰

康纳是个爱开玩笑的家伙。150万年前，它第一次闯入爱尔兰的时候，竟然把自己伪装成一头麋鹿！后来我们才发现，实际上它只是一头巨大的鹿，真令人不敢相信！

康纳有2.1米高，重600千克，它很擅长在舞台上表演，可以用笑话吸引所有人的注意，而且它自己也很爱笑。如果它知道，它漂亮的鹿角如今装饰着爱尔兰城堡的墙壁，我想它一定会觉得很好笑！

"藏宝"的沼泽

爱尔兰的沼泽和湖床具备了酸性水、低温和无氧的综合条件，非常适合保存古生物的骨骼，这就能解释为什么在那里出土了那么多爱尔兰大鹿的化石了。

漫长的告别

随着气候的变化，康纳的栖息地也发生了改变，由草原变成了森林。不幸的是，康纳巨大的鹿角总是被繁茂的树枝缠住。慢慢地，爱尔兰大鹿开始消失。*

尖尖的鹿角

一头爱尔兰大鹿的鹿角重达40千克，两只鹿角尖之间的距离，是你的床的2倍长！雄性爱尔兰大鹿每年都会长出一对新的鹿角，它们会到处展示，只是为了向雌鹿炫耀。

* 嘘！有传言说，康纳的亲戚们在6500年前搬到了西伯利亚。

巨河狸

比尔和本

加拿大

比尔和本可以当选冰河时代最伟大的体育明星。它们凭借高超的花样游泳技巧，在更新世奥运会上摘取了金牌，还吸引了成群的粉丝。

比尔和本高2.5米，重100千克，这使得它们在陆地上站立的时候，看起来很笨拙，但是到了水里就大不一样了。作为体形与现代的黑熊一样大的啮齿动物，它们在水里竟然出奇地优雅灵活。

花式大脚

巨河狸有扁平的窄尾巴和大大的后脚，让它们能够在水中轻松快速地前行。

40

一根筋

除了游泳之外，巨河狸对任何事情都不感兴趣。河狸家族对筑坝的狂热，是在巨河狸灭绝之后才开始的。你能想象吗，要建造一个多大的水坝，才能容纳下一头熊那么大的河狸？

大板牙

和很多冰河时代的名人（包括我）一样，比尔和本也是食草动物。它们拥有灿烂的笑容，笑起来会露出惊人的大门牙。它们的牙齿又大又宽，有 15 厘米长，牙齿边缘薄而圆，非常适合磨碎植物。

来见见尼安德特人

如果不介绍这些家伙，那么我这部群星荟萃的《冰河时代名人指南》就不完整了。从距今 40 多万年前一直到 4 万年前，尼安德特人曾经主宰着亚欧大陆。尽管他们和现代人是不同的人种，但是从人类基因图谱上看，他们和现代人还是有着某种亲缘关系的。

聪明的家伙

不要听信尼安德特人是笨蛋的谣言，实际上他们很聪明，而且适应能力很强。他们会制造工具和首饰，会生火，还会在洞穴房屋的墙壁上作画。相信我，他们还是技术娴熟的猎人！

隆起的眉骨
和较大、较扁平
的头部。

大而宽的鼻子
更适合吸入并加热
冷空气。

大大的门牙
适合咬东西和抓
东西。

较短的身体让
他们更容易适应寒
冷的气候，因为暴
露在冷空气中的皮
肤较少。

粗壮的小腿和
手臂，让他们在狩
猎时能更好地伏击
猎物。

拉布雷亚沥青坑

洛杉矶，美国

  在我生活的时代，拉布雷亚沥青坑是个危险的地方。在那里，天然沥青不断地从地下冒出，形成了黏稠的池塘，很多粗心的动物一踏进去就被粘住了，再也没能逃生。这些动物的尸体暴露在外，要花上几个月的时间才能沉到水下。很多食腐动物把它们当成了猎物，走进坑中捕食，结果也被困死在里面，最终变成了一堆化石。

  在拉布雷亚沥青坑里，不仅有大型动物的化石，还有花粉、蜜蜂和蜻蜓的化石，科学家通过分析这些小生物体的遗骸，可以了解更多有关气候、生态系统和食物链的详细信息。

如今，拉布雷亚沥青坑因为蕴藏着世界上最多的冰河时代的化石而著名。沥青坑中保存了600多个物种的化石，包括蛇、树懒、美洲狮和超过20万只恐狼的标本。

多亏黏稠的沥青隔绝了空气，才能让这些骨头一直保存完好。当科学家们把黏附在骨头上的沥青小心翼翼地清理干净后，他们甚至能在骨头上发现齿痕这样的微小细节。

冰河时代辞典

如果你想表现得像个冰河时代的专家，那么你需要知道以下所有术语。

祖先：较早期的动物或植物，后来的物种都是由它演化而来的。

装甲皮肤：保护动物免受捕食者攻击的鳞状或多刺皮肤。

食肉动物：任何以其他动物作为食物的动物。

克隆：由无性繁殖产生与生物体基因型完全相同的复制品的科学过程。

后代：与上一代有亲缘关系的动物或人。

消化：人体或动物体分解吃进体内的食物，并把它转化成可以利用的能量的过程。

演化：动物或植物体的某些部分随着时间慢慢变化的过程。

灭绝：当某个物种的所有个体都死亡后，这个物种就在地球上灭绝了。

化石：早期的动物或植物留下的矿化骨骼或痕迹。

温室气体：地球大气层中吸收辐射并能重新发出辐射的气体（例如二氧化碳）。

食草动物：只以植物作为食物的动物。

兽群：共同生活和觅食的一群动物。

冬眠：当动物进入冬眠后，它们会在深度睡眠中度过冬天。

全新世：从更新世末期持续到现在的一段时期。

中新世晚期：始于大约 1200 万年前，持续到大约 530 万年前的一段时期。

天然沥青：一种黑色的黏性物质，上升到地表会形成沥青坑。

更新世：始于大约 260 万年前，持续到大约 11700 年前的一段时期。

捕食者：狩猎并杀死其他动物作为食物的动物。

猎物：被其他动物捕获或猎杀的动物。

爬行动物：身体被鳞片或硬壳覆盖，会产卵的，体温会随外界温度的变化而变化的动物。

翼展：从某种动物的一侧翅膀尖端到它的另一侧翅膀尖端之间的距离。

索引

图书在版编目（CIP）数据

猛犸象梅西的回忆录 / （英）迈克·本顿著；（英）
罗伯·哈吉森绘；马楠译. -- 福州：海峡书局，
2023.9

书名原文：MAISIE MAMMOTH'S MEMOIRS
ISBN 978-7-5567-1148-2

Ⅰ.①猛… Ⅱ.①迈… ②罗… ③马… Ⅲ.①动物 -
儿童读物 Ⅳ.①Q95-49

中国国家版本馆CIP数据核字(2023)第169130号

Published by arrangement with Thames & Hudson Ltd, London
Maisie Mammoth's Memoirs © 2020 Thames & Hudson Ltd, London
Illustrations © 2020 Rob Hodgson

Text by Rachel Elliot
Designed by Emily Sear

This edition first Published in China in 2023 by Ginkgo（Beijing）Book Co., Ltd Beijing
Simplified Chinese edition © 2023 Ginkgo（Beijing）Book Co.,Ltd
All rights reserved

本书中文简体版权归属于银杏树下（北京）图书有限责任公司
著作权合同登记号　图字：13—2023—005号

出版人：林　彬
出版统筹：吴兴元
责任编辑：林洁如　杨思敏
营销推广：ONEBOOK

选题策划：北京浪花朵朵文化传播有限公司
编辑统筹：冉华蓉
特约编辑：汤　曼
装帧制造：墨白空间·闫献龙

猛犸象梅西的回忆录
MENGMAXIANG MEIXI DE HUIYILU

著　者：［英］迈克·本顿
译　者：马　楠
地　址：福州市白马中路15号海峡出版发行集团2楼
印　刷：鹤山雅图仕印刷有限公司
印　张：7
版　次：2023年9月第1版
书　号：ISBN 978-7-5567-1148-2

绘　者：［英］罗伯·哈吉森
出版发行：海峡书局
邮　编：350001
开　本：635mm x965mm　1/8
字　数：55千字
印　次：2023年9月第1次印刷
定　价：69.80元

读者服务：reader@hinabook.com 188-1142-1266
投稿服务：onebook@hinabook.com 133-6631-2326
直销服务：buy@hinabook.com 133-6657-3072
官方微博：@浪花朵朵童书